思考力算数練習帳シリーズ
シリーズ６　どっかい算
四則計算のみで解ける難しい文章題（整数範囲）

本書の目的…文章を正確に読んで理解する力を養成します。

つるかめ算・旅人算・差集め算などの特殊算を学ぶ前に、文章を正確に理解する力を持っておく必要があります。特殊算を子どもに教えても、文章を正確に読めないために解くことができず、苦手意識をもっていることが多いのです。そこで、それらの特殊算を解くより前に、問題文を正確に読む習慣をつけることが肝要です。

本書の特徴

１、原則として問題の文章中に答を求めるのに必要のない数字が入っています。したがって、あてずっぽうに作った式では、正しい答を出すことができないように作られています。

２、原則として四則計算（＋－×÷）の概念のみで、問題を解くことができます。一部の問題では「平均」などの概念が必要な場合がありますが、特殊算の知識は必要ではありません。

３、低学年から高学年まで、算数文章題の基礎編として使用できます。ただし、四則計算が正しくできることが前提です。

４、文章題が解けない原因を見つける手助けになります。文章問題が解けない場合、国語として文章が読めていない場合と、算数として解き方のわかっていない場合とがあります。この問題集を正しく解くことができれば、複雑な問題を理解する国語力はついていると言えます。あとは、特殊算の考え方など、算数の概念の学習をすれば良いことになります。

５、国語の読解力の養成になります。この問題集はきちんと精読しないと問題が解けないように作成されています。したがって、この問題集は国語の読解の基礎問題集でもあります。

６、漢字については、難しいと思われるものにはフリガナがふってあります。

算数思考力練習帳シリーズについて

ある問題について、同じ種類・同じレベルの問題をくりかえし練習することによって、確かな定着が得られます。

そこで、中学入試につながる文章題について、同種類・同レベルの問題をくりかえし練習することができる教材を作成しました。

指導上の注意

①、解けない問題・本人が悩んでいる問題については、お母さん（お父さん）が説明してあげてください。その時に、できるだけ具体的なものに例えて説明してあげると良くわかります。（例えば、実際に目の前に鉛筆を並べて数えさせる、など。）

②、お母さん（お父さん）はあくまでも補助で、問題を解くのはお子さん本人です。お子さんの達成感を満たすためには、「解き方」から「答」まで全てを教えてしまわないでください。教えるのはヒントを与える程度にしておき、本人が自力で答を出すのを待ってあげてください。

③、子供のやる気が低くなってきていると感じたら、無理にさせないでください。お子さんが興味を示す別の問題をさせるのも良いでしょう。

④、丸付けは、その場でしてあげてください。フィードバック（自分のやった行為が正しかったかどうか、評価を受けること）は、早ければ早いほど本人の学習意欲と定着につながります。

レベル1

【1】公園で5人が遊んでいます。そこに4年生の3人の友だちがやってきました。さて、今公園で遊んでいるのは何人でしょうか。
（式）

答＿＿＿＿＿＿＿＿＿＿

【2】ぼくはえんぴつを2本持っていました。みんなは5本持っているので、お母さんにたのんであと4本買ってもらいました。ぼくのえんぴつは何本になったでしょうか。
（式）

答＿＿＿＿＿＿＿＿＿＿

【3】60枚のクッキーと30このあめ玉があります。これを3人で分けようとしましたが、2人の友だちがやってきたのでみんなで分けることにしました。このとき、1人分のクッキーは何枚でしょうか。
（式）

答＿＿＿＿＿＿＿＿＿＿

【4】いつもは50円のおこづかいをもらうたけし君ですが、きのう悪いことをしたので、今日は10円しかもらえませんでした。ところが、そのあと、おつかいに行ったので、お母さんはさらに30円のおこづかいをくださいました。たけし君の今日のおこづかいはいくらになったでしょう。
（式）

答＿＿＿＿＿＿＿＿＿＿

【5】はじめ、ゆりさんはクッキーを3枚とチョコレートを4枚、としえさんはクッキーを5枚とあめ玉を2こを持っていました。それから、ゆりさんはチョコレートを1枚、としえさんはクッキーを2枚食べました。今、二人の持っているクッキーは合わせて何枚でしょうか。
(式)

答_____

【6】おねえさんが料理をしています。料理の本に「塩4はいと砂糖1ぱいを入れる」と書いてありましたが、おねえさんはうす味がすきなので、塩は3ばいしか入れませんでした。おねえさんは塩と砂糖を合わせて何ばい入れましたか。
(式)

答_____

【7】3人の子供に同じだけあめ玉を買ってあげます。そのために1こ8円のあめ玉を100円で12こ買い、おつりを4円もらいました。子供一人分のあめ玉は何こでしょうか。
(式)

答_____

【8】私のおじさんは3びきの犬と2ひきのねこをかっています。私は6ぴきのねこと1羽の小鳥をかっています。二人合わせて何びきのねこをかっているでしょうか。
(式)

答_____

【9】ともこさんはつかれていたので、きのうは8ページしか本を読めませんでした。しかし、「毎日10ページずつ読みなさい」と先生に言われていたので、今日はがんばって13ページ読みました。ともこさんはきのうと今日とで、合わせて何ページ読みましたか。

(式)

答_____

【10】1こ5円のあめ玉を、おねえさんは3こ、私は2こ持っています。ふたりで合計何このあめ玉を持っていますか。

(式)

答_____

【11】私は犬を2ひきとねこを3びきかっていました。先月に子犬が5ひき生まれました。また、今日4ひきの子ねこをひろってきました。さて、犬は全部で何びきになったでしょうか。

(式)

答_____

【12】よしこさんは1冊1200円もする絵本を読んでいます。この絵本は全部で60ページありますが、よしこさんは3日で全部読み終わりました。よしこさんは1日あたり何ページ読みましたか。

(式)

答_____

【13】たろう君は本を作ろうと思っています。1冊作るのに、1枚3円の紙が15枚と印刷代80円がかかります。さて、8冊作るのに必要な紙は何枚でしょうか。
(式)

答＿＿＿＿＿＿＿＿＿＿

【14】けんいち君は家から学校に行くのに、歩けば40分、自転車で行けば25分、自動車で送ってもらえば8分かかることがわかっています。いま、けんいち君が自転車で家から学校までを往復しますが、いったい何分かかるでしょうか。
(式)

答＿＿＿＿＿＿＿＿＿＿

【15】なおき君の持っている自転車は4年前におじいちゃんに買ってもらったもので、その値段は22,000円でした。なおき君がこの自転車を使うと、毎分120mの速さで走ることができ、なおき君のお兄ちゃんがこの自転車に乗ると、毎分150mで走ることができます。さて、なおき君がこの自転車に乗って8分で走れる道のりを求めなさい。(毎分120mの速さ：1分間で120mすすむということ)
(式)

答＿＿＿＿＿＿＿＿＿＿

【16】のりたけ君は30枚入りのクッキーをおじさんからもらいました。1人では食べきれないので友だち3人とで分けることにしました。とりあえず1人に6枚ずつ分け、残りはてきとうに食べることにしました。のりたけ君はゆっくり食べていたので残りのうち1枚しか食べられませんでした。のりたけ君は何枚食べたでしょう。
(式)

答＿＿＿＿＿＿＿＿＿＿

【17】おねえさんは、1こ15円のあめ玉を3こ持っています。私は、1こ10円のあめ玉を4こ持っています。ふたりで合計何このあめ玉を持っていますか。
(式)

答_____

【18】しんご君は1問1点で100問の漢字のテストをうけました。自分では10こまちがえていると思いましたがじっさいには15こまちがえていました。しんご君のテストは何点でしたか。
(式)

答_____

【19】みちよさんは500円持っていたので一本100円のバラを買おうと思って花屋さんへ行ったところ、バラが売り切れていたので、一本70円のカーネーションをできるだけたくさん買うことにしました。みちよさんはカーネーションを何本買うことができるでしょうか。
(式)

答_____

【20】ゆみさんが友だちと2人で300円ずつ持って遊びに行きました。一つ300円のソフトクリームがあったので買おうとしましたが、先にならんでいる人が5人もいたので買うのをやめました。つぎの店では一つ200円で売っています。ゆみさんたちは二人のお金を合わせてできるだけたくさんのソフトクリームを買うとするといくつ買うことができますか。
(式)

答_____

【21】みちこさんは1200円持っていたので一本400円のランを買おうと花屋さんへ行きました。ランが売り切れていたので、一本50円のかすみそうをできるだけたくさん買うことにしました。みちこさんは何本のかすみそうを買うことができるでしょうか。

（式）

答_____

【22】クッキーが100枚あります。男の子が5人と女の子が3人の合計8人います。全員にできるだけ多くのクッキーを同じ数ずつ分け、あまったクッキーはじゃんけんで勝った人に1枚ずつわたします。じゃんけんで勝つともらえるクッキーは一人に1枚だけとします。ほかの人より多くクッキーをもらえる人は何人いるでしょう。

（式）

答_____

【23】かもめさんが友だちと2人で400円ずつ持って遊びに行きました。一回200円の金魚すくいがあったのでやろうとしましたが、先にならんでいる人が7人いたので、別の店で一回160円の金魚すくいを二人で交互にやることにしました。かもめさんたちは金魚すくいを二人合わせて何回まですることができますか。

（式）

答_____

【24】みきさんは本を90冊持っています。この本を一回9冊ずつ持って運ぼうとしましたが重くて持てなかったので、3冊へらして一回に6冊ずつ運ぶことにしました。全部運びおわるのに何回かかりますか。

（式）

答_____

【25】りょう君は本屋さんで本を5冊買おうとしましたが、お金が560円たりなかったので2冊へらして本を買いました。りょう君が買った本は何冊ですか。
（式）

答＿＿＿＿＿＿＿＿＿＿＿＿

【26】外国に行っているお父さんが2日後に帰ってくる予定でしたが、新しく仕事が3つふえたので、予定より6日、帰るのがおくれるそうです。お父さんは何日後に帰ってくるのでしょうか。
（式）

答＿＿＿＿＿＿＿＿＿＿＿＿

【27】お父さんは48歳、お母さんは36歳、一郎は14歳、次郎は12歳、三郎は10歳です。お父さんの年齢は、こども三人の年齢の和より何歳多いでしょうか。
（式）

答＿＿＿＿＿＿＿＿＿＿＿＿

【28】公園に何人かいました、そこに5人の子供が3びきの犬をつれてやってきました。公園にいた人のうち犬のきらいな人2人が公園から出て行きました。するとその公園には人は13人、犬は3びき、はとは20羽になりました。はじめ公園に人は何人いましたか。
（式）

答＿＿＿＿＿＿＿＿＿＿＿＿

【29】私の友だちは2ひきのねこを飼っています。私は4ひきのねこと3びきのメダカを飼っています。ふたり合わせて何びきのねこを飼っているでしょうか。
　（式）

　　　　　　　　　　　　　　　　　　　　　　　　答＿＿＿＿＿＿＿＿＿＿

【30】みえこさんは家族4人でカラオケに3時間行って全員で48曲歌い、ジュースとお茶を3ばいのんだのでお金が全部で9300円かかりました。家族みんなが同じ曲数ずつ歌ったとすると、みえこさんは何曲歌いましたか。
　（式）

　　　　　　　　　　　　　　　　　　　　　　　　答＿＿＿＿＿＿＿＿＿＿

【31】みかさんは1枚1200円のCDを4枚買おうと、3丁目のお店へお金をちょうど持って行きましたが、大安売りをしていて1枚800円で売っていたので買えるだけ買うことにしました。みかさんはCDを何枚買うことができますか。
　（式）

　　　　　　　　　　　　　　　　　　　　　　　　答＿＿＿＿＿＿＿＿＿＿

【32】けい君はガムを20枚持っていました。男子の友だちが3人いたのでけい君をふくめ男子4人でガムを分けようとしましたが、女子の友だちが1人きたので男女みんなで分けることにしました。1人につき何枚のガムをもらうことができますか。
　（式）

　　　　　　　　　　　　　　　　　　　　　　　　答＿＿＿＿＿＿＿＿＿＿

【33】中学1年生のたろう君は理科の問題を一日に6問ずつ、社会の問題を一日に4問ずつ解くことにしています。小学5年生の弟は理科の問題を一日に3問、算数の問題を一日に5問ずつ解くことにしました。2人あわせて理科の問題を2日で何問解くことができますか。

(式)

答_____

【34】4月15日の時点でプロ野球チームのシャイアンツもタイカースも5勝5敗で共に4位でした。その後シャイアンツは5連敗、タイカースは5連勝したのでシャイアンツは6位、タイカースは1位になりました。今、タイカースとシャイアンツの勝ち数の差はいくつですか。

(式)

答_____

【35】ゆたか君の学校は今日は健康診断の日でした。ゆたか君は去年に比べて体重は5kg増えて58kg、身長は3cmのびて174cmになりました。去年の健康診断の時の体重は何kgでしたか。

(式)

答_____

【36】たくや君はお年玉を4万円もらいました。そのうち半分は貯金して、残り半分でひとつ5000円のゲームを買えるだけ買おうと思い、お店に行ったところ、新年の安売りでひとつ4000円で売っていました。たくや君はいくつゲームを買うことができますか。

(式)

答_____

【37】さくらさんはチョコレートを5枚、クッキーを2枚持っていました。もみじさんはクッキーを6枚とあめ玉を4こを持っています。いま、さくらさんはチョコレートを1枚、もみじさんはクッキーを5枚食べました。さて、二人の持っているクッキーは合わせて何枚残っているでしょうか。
（式）

答＿＿＿＿＿＿＿＿＿＿

【38】今読んでいる本は全部で240ページあります。最初の日は調子が良かったので20ページ読みました。それ以後は少しずつ読み続け、昨日までで合計170ページ読み終わりました。あと5日で読み終わるためには、1日あたり何ページずつ読めばよいのでしょうか。
（式）

答＿＿＿＿＿＿＿＿＿＿

【39】なかじま君は算数の問題集を先生にするように言われました。1日あたり12ページの予定でしたが、かれは算数が好きなので1日あたり20ページやりました。この問題集は厚さが5cmもあり全部で480ページありました。さて、なかじま君はいったい何日でこの問題集を全部やってしまったのでしょうか。
（式）

答＿＿＿＿＿＿＿＿＿＿

【40】たかし君のクラスは42人おり、そのうち20人が男の子です。男女別々に背の順に並ぶとたかし君は後ろから11番目です。さて、たかし君は前からは何番目でしょうか。

（式）

答＿＿＿＿＿＿＿＿＿＿

【41】私の通っている塾は教室が5つあり、それぞれの部屋には必ずホワイトボード用のマーカー（ペン）が3本ずつあります。また各教室にいすは10脚ずつ、机は5脚ずつあります。さて、この塾には最大で何人の生徒がいすに座ることができるでしょうか。

（式）

答＿＿＿＿＿＿＿＿＿＿

【42】昨日はいい天気だったので、となりにすんでいるたけし君の家族と一緒に栗ひろいに行きました。私の家族は5人家族で、たけし君の家族は4人家族です。私の家族は力を合わせて55個の栗を、たけし君の家族は合計で45個の栗をひろいました。家に帰ったとき、私の家族のひろった栗のうち5個は虫食いだったので食べられないことがわかりました。さて、私の家族全員で、同じ数ずつ栗を分けるとすると、私は何個の栗を食べられるでしょうか。

（式）

答＿＿＿＿＿＿＿＿＿＿

【43】小学4年生のたかゆき君は算数の問題を一日に6問ずつ解くことにしています。小学5年生になったら一日に8問ずつ解くことにしました。小学4年生の今、たかゆき君は1週間で何問解くことになっていますか。
（式）

答＿＿＿＿＿＿＿＿＿＿＿＿

【44】私の持っている本だなは4段になっており、そのうち3段は本がいっぱいつまっています。ところが引っ越しをするので、この本だなを友だちに5000円でゆずります。さて、その前に本だなにある本をかたづけないといけません。何冊の本をかたづけないといけないでしょうか。ただし、この本だなは1段当たり45冊の本が入るものとします。
（式）

答＿＿＿＿＿＿＿＿＿＿＿＿

【45】色紙が10枚を1たばとして、20たば売ってあります。このうち3たばを買い、5人で同じ枚数に分けると、1人分は何枚になるでしょうか。
（式）

答＿＿＿＿＿＿＿＿＿＿＿＿

【46】はじめに大人8人と子供6人が公園にいました。いま、おじいさんが子供を2人つれて公園にやってきました。公園にいる子供の人数は全部で何人になりましたか。
（式）

答＿＿＿＿＿＿＿＿＿＿＿＿

【47】いま、私のお父さんは45歳で、お母さんは42歳です。お父さんは62歳になったら、仕事をやめて海外で生活する予定です。さて、それは何年後の話でしょうか。
（式）

答＿＿＿＿＿＿＿＿＿＿

【48】エンドウの花は、花びら5枚、おしべ10本、めしべ1本からなっています。エンドウのおしべのうち9本は長く、残り1本は短いことが知られています。さて、いまここに7輪のエンドウの花がありますが、長いおしべは全部で何本あるでしょうか。
（式）

答＿＿＿＿＿＿＿＿＿＿

【49】私の学校はスポーツが盛んで、サッカー部には18人、テニス部には22人、野球部にはなんと34人もいます。今日また新しく野球部に2人入部しました。これで野球部の中で野球のチームは何チーム作れるようになりましたか。ただし、野球は9人で1チームです。
（式）

答＿＿＿＿＿＿＿＿＿＿

【50】私のおじさんは私が4歳のとき32歳でした。私のおばさんは私が6歳のとき27歳でした。おじさんと私は偶然同じ誕生日で、今日でおじさんは43歳になりました。さて、私は今何歳でしょうか。
（式）

答＿＿＿＿＿＿＿＿＿＿

【51】いま午前10時、気温15度、湿度30%です。天気予報によると、最高気温が24度まで上がるそうです。あと何度上がる見こみでしょうか。
（式）

答＿＿＿＿＿＿＿＿＿＿

【52】みぎわさんはまんが本を30冊持っています。この本を一回10冊ずつ持って運ぼうとしましたが重くて持てなかったので、4冊へらして一回に6冊ずつ運ぶことにしました。全部運びおわるまでに何回かかりますか。
（式）

答＿＿＿＿＿＿＿＿＿＿

【53】ぼくの家の庭には2羽のにわとりがいました。しかし、そのうち1羽がにげだしてしまったので、新しく3羽のにわとりと5羽のアヒルを買ってきました。するとこんどは3羽のアヒルがにげてしまいました。今、ぼくの家の庭にはなん羽のにわとりがいますか。
（式）

答＿＿＿＿＿＿＿＿＿＿

【54】2日前に私はおこづかいを300円もらいました。しかし、きのう400円のまんがを買ったので100円しか残りませんでした。ところが今日、親戚のおじさん2人が家に遊びにきてそれぞれ750円ずつおこづかいをくれました。では、いま、私が持っているお金はいくらでしょうか。
（式）

答＿＿＿＿＿＿＿＿＿＿

【55】今日は算数のテストで90点をとったので、ごほうびに600円のおもちゃを買ってもらいました。友だち3人がお金を同じだけ出し合って同じおもちゃを買うとすると、一人あたりいくらになるでしょうか。
（式）

答＿＿＿＿＿＿＿＿＿＿＿＿

【56】小学校は6年間、中学校と高校はそれぞれ3年間、そして大学は4年間通うことになっています。英語はたいてい中学校から習い始めます。中学から大学まで英語を勉強した人は、大学を卒業すると全部で何年間英語を勉強したことになるでしょうか。
（式）

答＿＿＿＿＿＿＿＿＿＿＿＿

【57】私の兄は16歳で高校に通っています。兄は、朝と夜は家で、昼は学校の食堂で食べています。学校の食堂のメニューはAランチ600円、Bランチ550円、Cランチ500円ですが、兄はいつもBランチを食べているそうです。1か月あたり22日食堂を使っているとすると、1年間での昼食代はいくらになるでしょうか。
（式）

答＿＿＿＿＿＿＿＿＿＿＿＿

【58】はじめいくらか持っていました。2日前に私はおこづかいを300円もらいました。しかし、きのう400円のまんがを買ったので100円しか残りませんでした。ところが今日、親戚のおじさん2人が家に遊びにきてそれぞれ750円ずつおこづかいをくれました。では、はじめ、私が持っていたお金はいくらだったでしょうか。
（式）

答＿＿＿＿＿＿＿＿＿＿＿＿

【59】460枚のクッキーと230このあめ玉があります。これを10人で分けようとしましたが、そこに13人の友だちがやってきたのでみんなで分けることにしました。このとき、一人分のクッキーは何枚でしょうか。
（式）

答_____

【60】ゆたか君の学校は今日は健康診断(けんこうしんだん)の日でした。ゆたか君は去年(きょねん)に比(くら)べて体重は5kg増えて58kg、身長(しんちょう)は3cmのびて174cmになりました。去年の身長は何cmですか。
（式）

答_____

【61】ひかる君はお年玉を6000円もらいました。そのうち半分は貯金(ちょきん)して、もう半分で1冊(さつ)500円の本を買えるだけ買おうと思い、本屋さんに行ったところ、新年の安売りで1冊300円で売っていました。安売りをしていなかったら、ひかる君は何冊まで買うことができましたか。
（式）

答_____

【62】ひろむ君は犬を2ひきととかげを3びきかっていました。先月に子犬が4ひき生まれました。また、今日4ひきのとかげをつかまえてきました。さて、犬は何びきになったでしょうか。
（式）

答_____

【63】花子さんは900円持っていました。一本150円の菊を買おうと思って花屋さんへ行ったところ、菊が売り切れていたので、一本80円の百合を買うことにしました。花子さんは百合を最大何本買うことができるでしょうか。
（式）

答_____

【64】ルミさんとけんや君が500円ずつ持って初詣に行きました。一回200円のおみくじがあったのでそれぞれ一回ずつしました。ルミさんは「小吉」でけんや君は「大吉」でした。また、300円と500円と1000円のお守りを売っていましたので、残った二人のお金を合わせてできるだけ高いお守り一つを買うことにしました。最後に残ったお金はいくらですか。
（式）

答_____

【65】4人の子供に同じだけえんぴつを買ってあげます。そのために1本何円かのえんぴつを16本買い、お金を700円はらいおつりを60円もらいました。子供1人分のえんぴつは何本でしょうか。
（式）

答_____

【66】ゆたか君とあきこさんとたかし君は3人きょうだいです。ゆたか君とあきこさんは、お母さんに頼まれて、すき焼き用のお肉・はくさい・しいたけ・お豆腐を買いに出かけました。出かけるときに2000円あずかり、おつりは2人がもらえることになりました。買いものには1700円かかりました。2人は相談して、おつりを半分ずつに分けることにしました。あきこさんはいくらもらえるでしょう。ただし、お肉は1000円でした。

（式）

答_____

【67】春子さんは200円持っていたので、6本で20円の黄色のリボンを12本買いました。夏子さんは60円しか持っていなかったので、10本で30円の青色のリボンを10本買いました。春子さんと夏子さんは合わせて何本のリボンを買いましたか。

（式）

答_____

【68】ゆたか君はおでん屋さんでちくわを13本買おうとしましたが、お金が200円足りなかったので3本へらしてちくわを買いました。ゆたか君が買ったちくわは何本ですか。

（式）

答_____

【69】太郎君は100枚も野球選手のブロマイド（写真）を持っているくらい野球好きです。太郎君は大のシャイアンツファンです。とくに松井選手のことを応援しています。松井選手は今13本のホームランを打っています。しかし、最近シャイアンツは調子が悪く、ここ10試合は2勝8敗という成績です。初めから数えると21勝27敗と負け越しています。80試合終わったときに半分以上勝っているためには、あと何回負けてもいいでしょうか。（引き分けはないものとします）
（式）

答＿＿＿＿＿＿＿＿＿＿

【70】しずかさんは8歳、しずかさんのお父さんは44歳、お母さんは40歳、おばあさんは64歳です。しずかさんのおばあさんの年齢はしずかさんの年齢の何倍ですか。
（式）

答＿＿＿＿＿＿＿＿＿＿

【71】大学生のだいすけ君は3人の友だちとその家族、合計15人で旅行に行くことになりました。だいすけ君と友だちは5人乗れる車をあわせて4台持っています。どの車にも乗れるだけ乗るとすると車は全部で何台いりますか。
（式）

答＿＿＿＿＿＿＿＿＿＿

【72】りょう君は本屋さんで本を5冊買おうとしましたが、お金が560円足りなかったので、しかたなく2冊買うのをあきらめました。りょう君が買った本は何冊ですか。
（式）

答_____

【73】いづみさんは今7歳です。いづみさんのお父さんは42歳、お母さんは35歳、妹は5歳です。いづみさんのお母さんの年齢はいづみさんの年齢の何倍ですか。
（式）

答_____

【74】ひろし君はしんせきの6家族、合計27人で旅行にいくことになりました。ひろし君のしんせきは5人乗れる車を7台持っています。どの車も乗れるだけ乗るとすると車にはあと何人乗れますか。
（式）

答_____

【75】私は、♥のトランプを5枚、♠のトランプを6枚、♣のトランプを3枚、♦のトランプを4枚持っていました。しかし、♦と♠のトランプを2枚ずつ妹にあげ、姉から♥のトランプを4枚もらいました。では、いま私が持っている♥と♣のトランプの枚数の和（合計）はいくつですか。
（式）

答_____

【76】私のクラスは全員で38人います。そのうち、男子は18人、女子は20人です。男子でめがねをかけているのは8人、女子でめがねをかけているのは5人です。女子の人数は、めがねをかけていない男子の人数の何倍ですか。

(式)

答＿＿＿＿＿＿＿＿＿＿

【77】4人の子供に同じだけえんぴつを買ってあげます。そのためにえんぴつを16本買い、お金を700円はらいおつりを60円もらいました。このえんぴつ1本はいくらですか。

(式)

答＿＿＿＿＿＿＿＿＿＿

【78】一つの花に、アブラナは4枚、アサガオは5枚、すみれは3枚の花びらがついています。花の本数をできるだけ少なくして100枚の花びらを集めるには、どの花を何輪集めればよいでしょうか。

(式)

答＿＿＿＿＿＿＿＿＿＿

レベル2

《1》ようこさんは50円持っていたので、2本で14円の赤いリボンを6本買いました。ちかさんは60円持っていたので、3本で18円の青いリボンを9本買いました。ようこさんとちかさんは合わせて何本のリボンを買いましたか。
（式）

答＿＿＿＿＿＿＿＿＿＿

《2》ひろし君はやおやさんにおつかいにいきました。まず、150円のキャベツを1つ、1束200円のほうれん草を2束、1こ120円のみかんを3こ、そして1本70円のにんじんを4本買いました。さて、ひろし君の買ったもののうち、野菜につかったお金はいくらでしょうか。
（式）

答＿＿＿＿＿＿＿＿＿＿

《3》私は3月18日から一人暮らしを始めます。引っ越しするマンションは5階建てで、私の部屋は124号室です。部屋は9畳で、その家賃は1か月あたり62,000円です。3月の途中からなので、私はこのマンションに3月は何日間、暮らすことになりますか。（3月は31日まである）
（式）

答＿＿＿＿＿＿＿＿＿＿

《4》庭を見ると、ニワトリが3羽、犬が4匹、へびが5匹います。足の数はみんなで、何本ありますか。

（式）

答＿＿＿＿＿＿＿＿＿＿＿＿

《5》友達が入院しているので、今日はお見舞いに出かけます。お土産に果物を買うことにしました。バナナは1房300円、りんごは3個で150円、みかんは5個で200円、メロンは1個3,500円でした。あまりお金を持ってこなかったので、私はりんご6個とバナナ2房を買いました。さて、代金は合計でいくらだったでしょうか。

（式）

答＿＿＿＿＿＿＿＿＿＿＿＿

《6》4年生のふみたか君は全部で5人の仲良しグループで遊んでいます。ふみたか君は2こ、そのほかの友だちはそれぞれ5こずつヨーヨーを持っていましたが、7月に仲良しグループの一人がひっこしたので、グループの仲間が一人減りました。この仲良しグループは今全部で何個のヨーヨーを持っていますか。

（式）

答＿＿＿＿＿＿＿＿＿＿＿＿

《7》10歳の冬子さんには15歳の姉が一人と5歳のふたごの弟がいます。弟たちは消しゴムをそれぞれ2個ずつ、冬子さんは6個、姉は冬子さんの3倍の消しゴムを持っています。冬子さんたちは全部で消しゴムを何個持っていますか。
　（式）

　　　　　　　　　　　　　　　　　　　　　　　　答＿＿＿＿＿＿＿＿＿＿＿

《8》花子さんは人形を3体持っています。花子さんより5つ年下の妹の春子さんは花子さんの4倍の数の人形を持っています。今日は花子さんの誕生日なので花子さんはお父さんから一体3,000円のかわいい人形を2体もらいました。今、春子さんが持っている人形は、花子さんが持っている人形よりも何体多いでしょうか。
　（式）

　　　　　　　　　　　　　　　　　　　　　　　　答＿＿＿＿＿＿＿＿＿＿＿

《9》私はえんぴつを15本持っています。そして今日そのうちの4本を妹に、5本を弟にあげました。弟はもともと10本のえんぴつを持っており、私のほかにも父から4本、母から6本えんぴつをもらい、妹にはえんぴつを3本あげました。では、いま弟が持っているえんぴつの数は何本ですか。
　（式）

　　　　　　　　　　　　　　　　　　　　　　　　答＿＿＿＿＿＿＿＿＿＿＿

《10》太郎は15歳だ。太郎のお父さんの年齢は太郎の年齢の3倍よりも2歳少なく、お母さんの年齢はお父さんの年齢よりも4歳少ない。また、妹の年齢は太郎の年令よりも5歳少ない。では、太郎とお母さんの年齢の差は何歳か。
(式)

答_____

《11》はじめ学校の池には23びきのコイと59ひきのキンギョがいました。しかし、そのうちのコイ2ひきとキンギョ15ひきがいなくなりました。そこで新しくオタマジャクシを10ぴきとコイを3びき、キンギョを5ひき、池に放しました。では、今池にいる魚の数は全部で何びきでしょうか。ただし、池にいる魚はコイとキンギョだけです。
(式)

答_____

《12》私のお兄さんは、金魚を大きい水そうでかっています。そのうち赤い金魚は16匹、黒い金魚は6匹です。しかし、このあいだ、赤い金魚4匹と黒い金魚3匹が病気で死んでしまいました。悲しいので庭にお墓をつくりました。その後、新しく8匹の赤い金魚と6匹の黒い金魚を買ってきました。すると水そうが魚でいっぱいになってしまったので、赤い金魚の半分を別の小さい水そうに移しました。その小さい水そうの赤い金魚の半分にあたる数の黒い金魚をまた買ってきました。いま、この大小二つの水そうには赤い金魚が全部で何匹いるでしょうか。
(式)

答_____

《13》私は昨日の算数のテストで85点をとりました。そして、その3日前の理科のテストは92点でした。私の友だちの太郎君は算数のテストで60点、理科のテストでは99点でした。また、私のいとこのはな子さんは算数のテストは太郎君よりも20点高く、理科のテストは私より6点低い点数でした。では、はな子さんの算数と理科の点数の積はいくらでしょう。（積＝掛け算の答）

（式）

答＿＿＿＿＿＿＿＿＿＿＿＿

《14》2年生のよういち君は合わせて6人の仲良しグループで遊んでいます。よういち君は6個、そのほかの友だちはそれぞれ4個ずつボールを持っていましたが、3月に友だちの一人がひっこしました。よういち君のグループは今全部でボールをいくつ持っていますか。

（式）

答＿＿＿＿＿＿＿＿＿＿＿＿

《15》12歳のひろみさんには15歳の兄が一人と9歳のふたごの妹がいます。妹たちは折り紙をそれぞれ10枚ずつ、ひろみさんは15枚、兄はひろみさんの2倍持っています。ひろみさんたちは折り紙を全部で何枚持っていますか。

（式）

答＿＿＿＿＿＿＿＿＿＿＿＿

《16》はじめりょうこさんはえんぴつを５本持っていました。また、りょうこさんより３つ年下で妹のたかこさんは、りょうこさんの３倍のえんぴつを持っていました。今日はりょうこさんの誕生日なのでりょうこさんはお母さんから２０００円の大きなぬいぐるみと１ダースのえんぴつをもらいました。今、たかこさんとりょうこさんが持っているえんぴつの本数の差は何本ですか。（１ダース＝１２）
（式）

答＿＿＿＿＿＿＿＿＿＿＿＿

《17》秋子さんはくつを２足、秋子さんの１８歳のおねえさんはくつを秋子さんの３倍持っていましたが、今日秋子さんは入学式用に１足買ってもらいました。今、おねえさんは秋子さんのなん倍のくつを持っていますか。
（式）

答＿＿＿＿＿＿＿＿＿＿＿＿

《18》１２歳のたかし君は、家から歩いて５分のところにあるラーメン屋に、お父さんと行きました。二人ともそれぞれ一杯５００円のラーメンを食べました。お腹がまだへっていたので、たかし君は４００円のギョーザを、お父さんは６００円のチャーハンをそれぞれたのみました。代金は全部でいくらでしたか。
（式）

答＿＿＿＿＿＿＿＿＿＿＿＿

《19》ごろう君は500円を持ってコンビニにでかけました。そこへ、つよし君が800円持ってやってきました。ふたりはアイスクリームを買うことにしました。アイスクリームには、80円と100円の2種類(しゅるい)がありましたが、ごろう君は80円のアイスクリームを3本買いました。つよし君は100円のアイスクリームを1本買いました。ところがつよし君は1本では足りず、もう1本ほしいと言い出しました。ごろう君は2本しか食べきれなかったので、残りをつよし君にあげました。つよし君はそのお礼に50円渡(わた)しました。ごろう君は残りいくら持っていますか。

(式)

答＿＿＿＿＿＿＿＿＿＿

《20》まさひろ君はとしお君とじゃんけんをして勝つと階段を3段上り、負けると1段おり、あいこでは動かないというゲームをしました。階段は上へも下へも30段ずつあり、先に上に着いたほうの勝ちです。いままでのところ、まさひろ君は7回勝って5回負け、あいこは11回でした。としお君は最初から何段上がったところにいますか。

(式)

答＿＿＿＿＿＿＿＿＿＿

《21》今日のプロ野球、ヒロシーマ対ヨコハーマの試合は、1回の表にヒロシーマが3点をとりましたが、2回の裏にヨコハーマが一度に5点を入れて逆転しました。その後6回までどちらもランナーを出すものの得点できませんでした。7回の裏にヨコハーマがさらに3点を追加し勝負は見えたかに思われましたが、ヒロシーマは8回9回と4点ずつを加え、9回裏のヨコハーマの攻撃を2点におさえ、逆転勝利をおさめました。ヒロシーマは何点差で勝ったでしょう。

(式)

答_____

《22》ゆうじ君のテストが返ってきました。算数が75点、国語が71点、理科が69点、社会が85点、音楽が78点、体育が90点でした。算数、国語、理科、社会の平均点は何点でしょうか。

(式)

答_____

《23》小学4年生のたくろう君は、4月12日から90ページある算数のドリルを毎日2ページずつすることにしました。4月28日までの17日間はきちんとやっていましたが、29日はみどりの日で学校が休みだったのでひさし君の家に遊びに行ってしまい、つかれてドリルができませんでした。その後1週間ドリルをするのをサボってしまいました。5月7日からドリルを再開しましたが、遅れを取り戻すために1日3ページずつやることにしました。それから7日たった5月13日には何ページ終わっているでしょうか。

(式)

答_____

《24》こういち君は、5000円のゲームソフトを買うためにお金をためることにしました。こういち君は最初1000円持っていて、こづかいを毎月600円もらっています。初めの2か月は1円も使いませんでしたが、3か月目にその月にもらったこづかいの半分を使ってしまいました。4か月目から1円も使わないとしたらいったい初めから何か月目にゲームソフトは買えるでしょうか。

(式)

答＿＿＿＿＿＿＿＿＿＿＿＿

《25》8歳のごろう君は先週、4チャンネルのドラマを3本、8チャンネルのドラマを2本、10チャンネルのドラマを3本見ましたが、お母さんにテレビの見すぎだとしかられました。それで、今週はどのチャンネルのドラマも1本ずつ減らすことにしました。ごろう君は今週は全部で何本のドラマを見ることになるでしょうか。

(式)

答＿＿＿＿＿＿＿＿＿＿＿＿

《26》20歳のひろし君は今年のバレンタインデーにチョコを24個はもらえると思っていましたが、じっさいには思っていた数の半分より3個少ない数だけしかもらえませんでした。一方、22歳のひさお君は5個もらえると思っていたところ、その数の2倍より2つ多くチョコをもらいました。さて、どちらがどれだけ多くチョコをもらいましたか。

(式)

答＿＿＿＿＿＿＿＿＿＿＿＿

《27》私は先週の日曜日に家族4人で川へ釣りに行きました。お父さんとお母さんは魚を5ひきずつ釣りました。私は魚を3びきと長ぐつを1足釣りました。また、弟は魚を1ぴきとあきカンを3こ釣りました。釣った魚は持ってかえって晩ごはんのおかずにすることにしましたが、お父さんと私の釣った魚のうち食べられない魚が1ぴきずつまざっていたので、それらは逃がすことにしました。晩ごはんには家族4人ともに同じ数だけ魚がでました。では、1人につき何びきの魚が晩ごはんにでたことになりますか。

(式)

答＿＿＿＿＿＿＿＿＿＿

《28》2日前の朝、空を見上げると、たくさんの鳥が飛んでいました。黒い鳥が4羽、白い鳥が8羽、赤い鳥が5羽、黄緑色の鳥が7羽、黄色い鳥が13羽、緑色の鳥が6羽、青い鳥が数羽いました。青い鳥の数は、黒い鳥と白い鳥の和に赤い鳥と黄緑色の鳥の差をかけたものです。では、青い鳥は、白い鳥の何倍いることになるでしょうか。

(式)

答＿＿＿＿＿＿＿＿＿＿

《29》ゆうじ君としんご君は二人であわせて600円を持っておやつを買いに出かけました。店にはたくさんのおかしがありましたが、ゆうじ君は90円のポテトチップスと120円の2個入りプリン、それに110円の缶コーヒーを選びました。しんご君は150円のチョコレートと100円のガムと110円のオレンジジュースを選びました。ところがこれではお金が足りないのでガムをあきらめて20円のチョコレートにしました。残ったお金は二人合わせていくらでしょう。

（式）

答＿＿＿＿＿＿＿＿＿＿

《30》秋子さんは家族と吉野山までピクニックに行くことになりました。まず家からバスに乗って京都駅まで行きました。その日は日曜日だったので道がこんでいて50分かかりました。次に電車に乗りました。1時間たって乗りかえのために電車をおりました。予定の電車の出発まで10分あったので、駅の売店で100円のガムと120円のポテトチップスを買おうとしました。ところがお金が足りなかったのでお父さんのところに行って100円かりてきました。こうして、電車をおりてから買い物に15分かかってしまい予定の電車に乗りおくれてしまいました。しかたがないので買い物を終わってから20分後の電車に乗りました。その後50分電車にゆられてやっと吉野駅に着きました。そこから山の上まで歩くと40分もかかるのですが、ロープウェイがあったので5分待ってからそれに乗りました。ロープウェイに10分乗ってやっと吉野山の上に着きました。家を出てから吉野山の上まで何分かかったでしょう。

（式）

答＿＿＿＿＿＿＿＿＿＿

《31》たかあき君はお兄さんと近くのラーメン屋に出かけました。そこでいつものようにお兄さんはラーメンの大盛とライス、たかあき君はラーメンの並と鶏のカラアゲを食べました。定価ではらうとラーメンの並が250円、大盛は並より50円高く、それで二人の合計は900円になります。ところが、その日はラーメンの並は180円に、ラーメンの大盛は220円で売られていました。さらに200円するはずのギョウザを1皿ただでサービスしてくれました。食費は全部でいくらかかったでしょう。

(式)

答_____

《32》今日、ゆきこさんはけいこさんとケーキを食べに出かけました。ゆきこさんは150円のイチゴショートケーキと200円のミルフィーユをたのみました。けいこさんは160円のチョコレートケーキと190円のチーズケーキをたのみました。今日はゆきこさんの12歳の誕生日です。誕生日の人がいたら全部のケーキを1つ80円にすると書いてありました。それを見て二人は喜んでケーキを合わせて2つ追加しました。あまいものをいっぱい食べたので、二人はのどがかわいてそれぞれ200円のコーヒーを注文しました。2人は500円ずつしか持っていなかったのですが、いっぱい食べられて満足でした。2人はこのケーキ屋さんで合わせていくら使ったでしょう。

(式)

答_____

《33》たかし君のクラスは5年3組で43人の児童がいます。4組と合同で社会見学に行くことになりました。4組には46人の児童がいますが、そのうち6人は昔のクラスメイトで、たかし君と友だちでした。見学会がとてもおもしろそうだったので、前日の夜はうれしくて5時間しか眠れませんでした。その日は50人乗りの観光バスが2台きました。たかし君は目的地に着くまでの1時間40分、ずっと眠っていました。風邪が流行っていたためか、3組では3人、4組では5人が見学会を休んでいました。休んだ4組の5人の中に、たかし君の友だち1人がふくまれていました。さて見学会に参加した児童は何人でしょうか。

（式）

答＿＿＿＿＿＿＿＿＿＿

《34》ひなのさんは今日発売のCDを買いに出かけました。今日は全部で9枚のCDが発売されます。そのうち4枚を買いたいと思っていました。店に行くと1枚3100円で売っていました。ただ5枚以上買うと1枚2600円にまけてくれます。結局ひなのさんは5枚買うことにしました。ここでお金を予定より多く使ってしまったので、その後、昼ごはんを食べようと思っていたのをあきらめて家に帰りました。でも家にはごはんが用意されてなかったので1000円わたされて外で食べてくるように言われました。しかたがないので近くのファストフード店で525円のハンバーガーセットを食べました。ひなのさんは全部でお金をいくら使ったでしょうか。

（式）

答＿＿＿＿＿＿＿＿＿＿

《35》まさる君はお父さんとバッティングセンターへ出かけました。料金は20球200円、33球300円、46球400円、60球500円でした。とりあえずまさる君は20球だけ打つことにしました。でもぜんぜん打ち足りなかったので、もっと打ちたいとお父さんにねだりました。そこで500円をマシンに入れて、二人が半分ずつ打つことにしました。まさる君が最初に打ち始めましたが、半分では打ち足りなかったので10球多く打ってしまいました。残りをお父さんが打ちました。こんどはお父さんが打ち足りなく思ったので、さらに300円入れて打ち始めました。ところがまさる君もまた打ちたくなって、途中から11球だけ打たせてもらいました。お父さんは全部で何球打ったでしょう。

(式)

答_____

《36》正月にまこと君は友だちのかずお君とその弟のひろし君、そしていとこのつよし君とカルタをしました。まこと君のお姉さんのみちこさんがカルタを読んでくれることになりました。最初つよし君が4枚つづけてとりました。その後、まこと君とひろし君が2枚ずつとりました。まだかずお君は1枚もとってません。しかしこの後かずお君もがんばって3枚とりました。次はひろし君、まこと君、つよし君が1枚ずつとりました。さらに、かずお君が5枚連続でとった後、まこと君が3枚、つよし君が2枚とりました。そして4人が3枚ずつとった後、ひろし君が4枚、かずお君が3枚とりました。その後、残りの6枚をまこと君が全部とってしまい、勝負は終わりました。ひろし君のお兄さんの友だちは、全部でカルタを何枚とったでしょう。

(式)

答_____

《37》まさたか君は20000円持ってレコード店に出かけました。そこではCDアルバムは3000円、CDシングルは1000円で売ってます。ただしアルバムは一度に5枚以上買うと1枚2500円、シングルは一度に10枚以上買うと1枚800円にまけてくれます。まさたか君はシングルを一度に15枚買いました。店から帰る途中、ほしいCDを思い出したのでもう一度店にもどりました。そしてアルバム1枚とシングル4枚を買いました。まさたか君の残りのお金はいくらでしょう。

（アルバム：10曲ぐらい入っている大きなCD　　シングル：1、2曲が入っている小さなCD）

（式）

答_____

《38》ひとし君は2000円持って古本屋にいきました。そこでほしかった600円の本を1冊買いました。そのあと店内をいろいろ見わたして400円の本を2冊買いました。残りのお金で買えるだけ100円の本を買いました。ところがあまりに本が重いので、5冊の本をその古本屋に預けて帰りました。ひとし君は何冊本を買ったでしょう。

（式）

答_____

《39》こうすけ君は200ページのドリルを50日で終わらせるペースでやることにしました。最初は毎日するつもりでしたが、途中でつかれてしまい15日目にサボり始めてしまいました。25日目になっても80ページしかできてませんでした。しかたがないので次の日から1日6ページずつすることにしました。ところがこのままだと予定よりかなり早く終わってしまうことに気付いて、30日目から1日5ページずつしました。結局ドリルを終わらせるのに何日かかったでしょう。

(式)

答_____

《40》今日は身体測定の日です。まもる君の去年の身長は147cmでした。この1年でかなり身長が伸びたので、今日の身体測定を楽しみにしていました。最初は視力をはかりました。左目が1.2で右目が1.5でした。これは去年と変わっていませんでした。つぎに体重をはかりました。41kgでした。去年より6kg増えていました。つぎは待ちに待った身長です。どきどきしてはかると153cmでした。去年と今年の体重の平均は何kgですか。

(式)

答_____

《41》としこさんは10歳でお父さんが37歳、お母さんが35歳、父方のおじいさんが61歳、おばあさんは60歳、母方のおじいさんは58歳、おばあさんは60歳です。さらに母方には87歳のひいおじいさんがいます。またとしこさんには6歳の弟がいます。母方のおじいさんが72歳になるとき、としこさんの年齢は、お父さんとお母さんの年齢の合計と、父方のおばあさんと弟の年齢の合計の差の何倍になるでしょう。

（式）

答_____

《42》とおる君と秋子さんはオセロをやっています。とおる君が黒で秋子さんが白です。いま14対21で黒が勝っています。つぎの秋子さんの番で3枚ひっくり返しました。つぎのとおる君の番で、秋子さんは2枚ひっくり返されました。さらに秋子さんはつぎの番で4枚ひっくり返し、つぎは5枚ひっくり返されました。秋子さんの枚数はいま何枚でしょう。（オセロのルールを知らない場合は、この問題は解けません。）

（式）

答_____

《43》あきら君の家には今年320通の年賀状がとどきました。そのうち240枚は43歳の父に、20枚は40歳の母にきたものでした。残りはあきら君の姉と、弟と、あきら君のものでした。父と母の残りの半分はあきら君の3歳年上の18歳の姉の分でした。さらにその残りの3分の1があきら君の9歳の弟にきたものでした。あきら君の家族の年齢の合計はいくらでしょう。

（式）

答_____

《44》ゆみちゃんとあみちゃんはカラオケに出かけました。今日は平日だったので1部屋1時間800円でした。ゆみちゃんとあみちゃんは交互に歌いました。二人がそれぞれ9曲ずつ歌い終わったとき、こうすけ君とひとし君が遅れてやってきました。そのあと4人は順番に10曲ずつ歌いました。とうとう最初から合計6時間歌い続けました。こうすけ君とひとし君は2時間遅れてきましたが、4人は同じだけお金をはらうことにしました。4人は全部で何曲歌ったでしょう。

(式)

答_____

《45》京都に住んでいるゆうすけ君は音楽が大好きです。よく友達とコンサートに出かけます。今日も東京まで友達4人とコンサートに出かけることにしました。ゆうすけ君は家の近くの駅から京都駅まで地下鉄でいきました。そこまで240円かかりました。そこから新幹線で東京駅まで行きました。14000円かかりました。そこから地下鉄でコンサート会場まで行きました。260円かかりました。コンサートの入場料は4000円でしたが、割引券を持っていたので3800円にまけてくれました。会場に着いたら友達からジュース代480円をあずかり、1本120円のジュースを4本買いに行きました。その時、ゆうすけ君は自分の分は買いませんでした。コンサートはもりあがって夜の8時に終わりました。そのあと行きと同じ方法でその日の内に帰りました。ゆうすけ君は5万円持って行ってたのですが、いくら使ったでしょう。

(式)

答_____

《46》まさたか君のクラスには51人の児童がいます。あるときクラスの一人が盲腸で入院しました。そこで残りの児童で千羽鶴を作ることになりました。まず折り紙を多めに1100枚買ってきました。はじめ、1000羽を全員が同じ数ずつ分担して作るつもりでした。まさたか君ら折り紙の得意な人たち20人が、はじめ分担した数を作り終わったときに、残りの人はまだ分担した数の半分しか作れていませんでした。そのとき、まだできていない分をもう一度全員で同じ数だけ分担して1000羽を作り終えました。まさたか君は鶴を何羽作ったでしょうか。

（式）

答＿＿＿＿＿＿＿＿＿＿

《47》たかし君のクラスで百科事典1セットを買うことになりました。1冊3000円で、1セット32冊組みです。このお金をクラスのみんなから集めることにしました。たかし君のクラスには52人の生徒がいます。一人2000円ずつ集めることにしました。ところがお金があまってしまうので、あまったお金で金魚を買うことにしました。水槽やえさなどで6000円使いました。残りのお金で1匹250円の金魚を買えるだけ買うことにしました。でも多すぎたのでとなりのクラスに3匹分けることにしました。かわりにとなりのクラスからめだかを4匹分けてもらいました。たかし君のクラスでは金魚はなん匹飼うことになったでしょう。

（式）

答＿＿＿＿＿＿＿＿＿＿

《48》あきら君の家には今年320通の年賀状がとどきました。そのうち240枚は43歳の父に、20枚は40歳の母にきたものでした。残りはあきら君の姉と、弟と、あきら君のものでした。父と母の残りの半分はあきら君の3歳年上の18歳の姉の分でした。さらにその残りの三分の一があきら君の9歳の弟にきたものでした。あきら君には何枚の年賀状がきたでしょう。

(式)

答_____

《49》ひなのさんは10000円を持って買いものに出かけました。まず1本500円の口紅を3本買いました。つぎに1枚150円でかわいいシールを売っていたのでそれを8枚買いました。あと100円のかわいいえんぴつを4本買いました。次に洋服を見に行きました。6000円でかわいい服が売ってましたが、ひなのさんは今日のところはがまんしようと思いました。しかし、売り切れてしまうかもしれないと考え、やっぱりその服を買いました。残りのお金が少なくなったので家にかえることにしました。途中で120円のジュースが売ってありましたが、がまんしました。残ったお金はいくらでしょうか。

(式)

答_____

《50》太郎君は買い物に出かけました。最初の店で目にとまったのは、1100円のピンクのTシャツと1300円の緑のTシャツでした。太郎君は迷ったすえ、ピンクの方を買いました。次にズボンを見に行きました。気に入ったズボンは3本ありました。5900円の青いジーンズと、8000円の黒のジーンズ、それと9400円の白のスラックスでした。そこで、黒いものを買うことにしました。その後は、靴を見に行きました。ここでも目についた靴は3つありました。1500円の黄色いサンダルと、9200円の黒い運動靴と、12200円の茶色の革靴でした。太郎君は茶色のにしようかと迷いましたが、考えたすえ、黒いものにしました。太郎君はここまでで、持ってきたお金のちょうど半分を使ってしまいました。この後、お腹が空いたので、食堂で800円の定食と200円のコーヒーを注文しました。荷物がいっぱいあったので、タクシーで帰りました。タクシー代は1100円でした。太郎君のお金は、いくら残っているでしょうか。

(式)

答_____

《51》たくや君は日曜日にお父さんと魚を釣りに琵琶湖に出かけました。途中の釣り具屋で500円のえさを買いました。そして琵琶湖につくとさっそく釣りはじめました。でもなかなか釣れないのでたくや君はあきてしまい、そのへんをうろうろし始めました。たくや君は1000円持っていました。のどがかわいたので1本120円のジュースを買うことにしました。お父さんの分も買って持って行ってあげました。まだ魚は1ぴきも釣れていませんでしたが、お父さんはよろこんでくれて、おだちんとして200円くれました。その後しばらくいっしょに魚を釣っていると、ついに魚がかかりました。小さい魚でしたが釣り上げることができました。その後はどんどん魚が釣れだして、夕方には16ひきも釣り上げることができました。魚釣りのあと、近くのレストランで夕食を食べました。ちょうどサービスセットがあったので二人ともそれを注文しました。1人分700円でした。お腹いっぱいになって、2人は満足して家に帰りました。この日2人で使ったお金は全部でいくらでしょう。ただし、二人の間でのお金のやりとりは、二人で使ったお金にはふくみません。

(式)

答＿＿＿＿＿＿＿＿＿＿

《52》サファリパークには、いろいろな動物がいます。そこには、ゾウが数頭おり、ライオンはゾウの5倍、トラはライオンより5頭少なく、シマウマはトラの半分、キリンはシマウマよりも4頭多く9頭おり、カンガルーはシマウマの2倍いました。では、ゾウとシマウマは合わせて何頭いるでしょうか。

(式)

答＿＿＿＿＿＿＿＿＿＿

《53》ごろう君は学校で野球部に入っています。夕方に週に4回練習があり、それ以外にも朝に練習がある日もあります。最近は試合が近づいているので、朝の練習は週に5回やるようになりました。朝の練習は1時間、夕方の練習は3時間です。ごろう君はピッチャーなので、朝と夕方の1回の練習ごとに100球ずつ投げ込みます。さらに夕方の練習はグラウンドを10周ランニングして40回キャッチボールをしてから始めます。ごろう君は2週間で何球投げるでしょう。ただし、1回のキャッチボールとは1球投げて1球受けることとします。

（式）

答＿＿＿＿＿＿＿＿＿＿

《54》ただし君は漢字を30日で150個覚えるために、一日5個ずつ覚えることにしました。最初の10日間は5個ずつ覚えていましたが、11日目からサボりだして1日3個ずつになりました。そのまま30日がたって、その後テストをしてみたら、覚えたはずのちょうど半分しか覚えていませんでした。いったいただし君はこの30日間で何個の漢字を覚えることができたでしょうか。

（式）

答＿＿＿＿＿＿＿＿＿＿

《55》はじめ、岡村君だけが1個20円のポケットティッシュを5こ持っていました。岡村君と矢部君が町を歩いていました。するとポケットティッシュを岡村君は4こ、矢部君は7こもらいました。たくさんもらったので、持っているポケットティッシュ全部を二人が同じ個数になるように分けました。最後に、岡村君はポケットティッシュをいくつ持っていたでしょうか。

(式)

答_____

《56》21歳の中田君は昨日のサッカーの試合で4点、中田君のチームメイトで19歳の小野君は1点をとりました。今日の試合でも中田君は4点とり、昨日の試合と今日の試合で中田君がとった点を合わせると、小野君が昨日の試合と今日の試合でとった点を合わせたものの2倍になりました。今日の試合で小野君がとった点は何点ですか。

(式)

答_____

《57》小学6年生のまる子ちゃんのクラスには39人、小学5年生のたまちゃんのクラスには42人の児童がいます。今日は始業式なので体育館へ行って校長先生のお話を聞かせていただきます。体育館では1脚に5人座れる長いすと1脚6人座れる長いすに座ることになっています。そして今日、まる子ちゃんのクラスにはインフルエンザで学校をお休みしている子が7人います。体育館に入ると、まる子ちゃんのクラスの内、20人が5人がけの長いすに、残りが6人がけの長いすに座るようにと、先生に言われました。今日、まる子ちゃんのクラスが体育館で使った長いすは全部で何脚ですか。

（式）

答＿＿＿＿＿＿＿＿＿＿＿＿

《58》15年前の話です。さゆりさんは上野発の夜行列車（午後8時ちょうどのあずさ2号）に乗りました。そして8時間後に雪の青森駅でおりました。他にもお客さんはたくさん居ましたがだれもが無口で、風の音だけが鳴りひびいていました。青森駅で20分待った後、今度は青函連絡船という、津軽海峡を通って青森と函館を結ぶ船に乗りました。さゆりさんは悲しいことがあったので、凍えそうなかもめを見つめ泣いていました。冬の津軽海峡はきれいでした。そうこうするうちに船は5時間50分後に函館につきました。さゆりさんが函館に着いた時間を答えましょう。

（式）

答＿＿＿＿＿＿＿＿＿＿＿＿

解答

レベル1

【1】（式）5＋3＝8		【1】答：8人
【2】（式）2＋4＝6		【2】答：6本
【3】（式）60÷（3＋2）＝12		【3】答：12枚
【4】（式）10＋30＝40		【4】答：40円
【5】（式）3＋5－2＝6		【5】答：6枚
【6】（式）3＋1＝4		【6】答：4はい
【7】（式）12÷3＝4		【7】答：4こ
【8】（式）2＋6＝8		【8】答：8ひき
【9】（式）8＋13＝21		【9】答：21ページ
【10】（式）3＋2＝5		【10】答：5こ
【11】（式）2＋5＝7		【11】答：7ひき
【12】（式）60÷3＝20		【12】答：20ページ
【13】（式）15×8＝120		【13】答：120枚
【14】（式）25×2＝50		【14】答：50分
【15】（式）120×8＝960		【15】答：960m
【16】（式）6＋1＝7		【16】答：7枚
【17】（式）3＋4＝7		【17】答：7こ
【18】（式）1×100－1×15＝85		【18】答：85点
【19】（式）500÷70＝7あまり10		【19】答：7本
【20】（式）300×2＝600　600÷200＝3		【20】答：3こ
【21】（式）1200÷50＝24		【21】答：24本
【22】（式）100÷8＝12あまり4		【22】答：4人
【23】（式）800÷160＝5		【23】答：5回
【24】（式）90÷6＝15		【24】答：15回
【25】（式）5－2＝3		【25】答：3冊
【26】（式）2＋6＝8		【26】答：8日後
【27】（式）14＋12＋10＝36　48－36＝12		【27】答：12歳
【28】（式）13＋2－5＝10		【28】答：10人
【29】（式）2＋4＝6		【29】答：6ぴき
【30】（式）48÷4＝12		【30】答：12曲
【31】（式）1200×4÷800＝6		【31】答：6枚
【32】（式）20÷（4＋1）＝4		【32】答：4枚
【33】（式）（6＋3）×2＝18		【33】答：18問
【34】（式）5＋5＝10　5＋0＝5　10－5＝5		【34】答：5
【35】（式）58－5＝53		【35】答：53kg
【36】（式）40000÷2＝20000　20000÷4000＝5		【36】答：5つ

【37】（式）2＋6－5＝3　　　　　　　　　　　　　　【37】答：3枚
【38】（式）240－170＝70　70÷5＝14　　　　　　【38】答：14ページ
【39】（式）480÷20＝24　　　　　　　　　　　　　【39】答：24日
【40】（式）20－11＋1＝10　　　　　　　　　　　　【40】答：10番目
【41】（式）5×10＝50　　　　　　　　　　　　　　【41】答：50人
【42】（式）（55－5）÷5＝10　　　　　　　　　　　【42】答：10個
【43】（式）6×7＝42　　　　　　　　　　　　　　　【43】答：42問
【44】解答例1
　　　（式）4段目に何冊入っているか分からない。　　　【44-1】答：分からない
　　解答例2
　　　（式）少ない場合、45×3＝135冊　多い場合、45×4＝180冊
　　　　　　　　　　　　　　　　　　　　　　　　　　【44-2】答：135冊以上180冊以下
【45】（式）10×3＝30　30÷5＝6　　　　　　　　【45】答：6枚
【46】（式）6＋2＝8　　　　　　　　　　　　　　　【46】答：8人
【47】（式）62－45＝17　　　　　　　　　　　　　【47】答：17年後
【48】（式）9×7＝63　　　　　　　　　　　　　　【48】答：63本
【49】（式）（34＋2）÷9＝4　　　　　　　　　　　【49】答：4チーム
【50】（式）43－32＝11　4＋11＝15　　　　　　　【50】答：15歳
【51】（式）24－15＝9　　　　　　　　　　　　　　【51】答：9度
【52】（式）30÷6＝5　　　　　　　　　　　　　　【52】答：5回
【53】（式）2－1＋3＝4　　　　　　　　　　　　　【53】答：4羽
【54】（式）100＋750×2＝1600　　　　　　　　　【54】答：1600円
【55】（式）600÷3＝200　　　　　　　　　　　　【55】答：200円
【56】（式）3＋3＋4＝10　　　　　　　　　　　　【56】答：10年間
【57】（式）550×22×12＝145200　　　　　　　　【57】答：145200円
【58】（式）100＋400－300＝200　　　　　　　　【58】答：200円
【59】（式）460÷（10＋13）＝20　　　　　　　　【59】答：20枚
【60】（式）174－3＝171　　　　　　　　　　　　【60】答：171cm
【61】（式）6000÷2＝3000　3000÷500＝6　　　【61】答：6冊
【62】（式）2＋4＝6　　　　　　　　　　　　　　　【62】答：6ひき
【63】（式）900÷80＝11あまり20　　　　　　　　【63】答：11本
【64】（式）500×2－200×2＝600…おみくじのあとに残ったお金
　　　　　600円以内でもっとも高いのは　500円
　　　　　600－500＝100　　　　　　　　　　　　【64】答：100円
【65】（式）16÷4＝4　　　　　　　　　　　　　　【65】答：4本
【66】（式）2000－1700＝300　300÷2＝150　　【66】答：150円
【67】（式）12＋10＝22　　　　　　　　　　　　　【67】答：22本
【68】（式）13－3＝10　　　　　　　　　　　　　【68】答：10本
【69】（式）80÷2＝40　40－27＝13　　　　　　【69】答：13回

【70】（式）64 ÷ 8 = 8　　　　　　　　　　　　【70】答：8 倍
【71】（式）15 ÷ 5 = 3　　　　　　　　　　　　【71】答：3 台
【72】（式）5 － 2 = 3　　　　　　　　　　　　　【72】答：3 冊
【73】（式）35 ÷ 7 = 5　　　　　　　　　　　　【73】答：5 倍
【74】（式）5 × 7 － 27 = 8　　　　　　　　　　【74】答：8 人
【75】（式）5 + 4 = 9　9 + 3 = 12　　　　　　　【75】答：12 枚
【76】（式）18 － 8 = 10　20 ÷ 10 = 2　　　　　【76】答：2 倍
【77】（式）700 － 60 = 640　640 ÷ 16 = 40　　【77】答：40 円
【78】（式）100 ÷ 5 = 20　1つの花に花びらが多い花　【78】答：朝顔を 20 輪

レベル 2

《1》（式）6 + 9 = 15　　　　　　　　　　　　　《1》答：15 本
《2》（式）150 + 200 × 2 + 70 × 4 = 830　　　《2》答：830 円
《3》（式）3月は31日あります
　　　　　31 － 18 + 1 = 14…住む日数　　　　《3》答：14 日間
《4》（式）2 × 3 + 4 × 4 = 22　　　　　　　　　《4》答：22 本
《5》（式）150 ÷ 3 = 50…りんご1個の値段
　　　　　50 × 6 + 300 × 2 = 900　　　　　　《5》答：900 円
《6》（式）5 － 1 － 1 = 3　2 + 5 × 3 = 17　　　《6》答：17 個
《7》（式）6 + 2 × 2 + 6 × 3 = 28　　　　　　　《7》答：28 個
《8》（式）3 × 4 = 12　3 + 2 = 5　12 － 5 = 7　《8》答：7 体
《9》（式）10 + 5 + 4 + 6 － 3 = 22　　　　　　《9》答：22 本
《10》（式）15 × 3 － 2 － 4 = 39　39 － 15 = 24　《10》答：24 歳
《11》（式）23 － 2 + 3 = 24　59 － 15 + 5 = 49
　　　　　24 + 49 = 73　　　　　　　　　　　　《11》答：73 びき
《12》（式）16 － 4 + 8 = 20　　　　　　　　　　《12》答：20 匹
《13》（式）60 + 20 = 80　92 － 6 = 86
　　　　　80 × 86 = 6880　　　　　　　　　　《13》答：6880
《14》（式）6 + 4 ×（6 － 1 － 1）= 22　　　　　《14》答：22 こ
《15》（式）10 × 2 + 15 + 15 × 2 = 65　　　　　《15》答：65 枚
《16》（式）3 × 5 = 15　5 + 12 = 17　17 － 15 = 2　《16》答：2 本
《17》（式）2 × 3 = 6　2 + 1 = 3　6 ÷ 3 = 2　　《17》答：2 倍
《18》（式）500 × 2 + 400 + 600 = 2000　　　　《18》答：2000 円
《19》（式）500 － 80 × 3 + 50 = 310　　　　　《19》答：310 円
《20》（式）3 × 5 － 1 × 7 = 8　　　　　　　　　《20》答：8 段
《21》（式）3 + 4 × 2 －（5 + 3 + 2）= 1　　　　《21》答：1 点差
《22》（式）75 + 71 + 69 + 85 = 300…合計点
　　　　　300 ÷ 4 = 75　　　　　　　　　　　　《22》答：75 点
《23》（式）2 × 17 + 3 × 7 = 55　　　　　　　　《23》答：55 ページ

《24》（式）1000 ＋ 600 × 2 ＋ 60 ÷ 2 ＝ 2500…3か月目までの貯金
　　　　5000 － 2500 ＝ 2500　　2500 ÷ 600 ＝ 4 あまり 100
　　　　3 ＋ 4 ＋ 1 ＝ 8　　　　　　　　　　　　　　《24》答：8か月目
《25》（式）（3 － 1）＋（2 － 1）＋（3 － 1）＝ 5　　《25》答：5本
《26》（式）24 ÷ 2 － 3 ＝ 9…ひろし　5 × 2 ＋ 2 ＝ 12…ひさお
　　　　12 － 9 ＝ 3　　　　　　　　　《26》答：ひさおの方が3つ多くもらった
《27》（式）5 × 2 ＋ 3 ＋ 1 － 2 ＝ 12　　12 ÷ 4 ＝ 3　　《27》答：3びき
《28》（式）（4 ＋ 8）×（7 － 5）＝ 24　　24 ÷ 8 ＝ 3　　《28》答：3倍
《29》（式）600 －（90 ＋ 120 ＋ 110 ＋ 150 ＋ 20 ＋ 110）＝ 0　　《29》答：0円
《30》（式）50 ＋ 60 ＋ 15 ＋ 20 ＋ 50 ＋ 5 ＋ 10 ＝ 210　　《30》答：210分
《31》（式）250 ＋ 50 ＝ 300…大盛
　　　　（250 － 180）＋（300 － 220）＝ 150…値引き分
　　　　900 － 150 ＝ 750　ギョウザはサービスなので無料　　《31》答：750円
《32》（式）80 ×（4 ＋ 6）＋ 200 × 2 ＝ 880　　《32》答：880円
《33》（式）43 ＋ 46 －（3 ＋ 5）＝ 81　　《33》答：81人
《34》（式）2600 × 5 ＋ 525 ＝ 13525　　《34》答：13525円
《35》（式）60 ÷ 2 ＝ 30　（30 － 10）＋（33 － 11）＝ 42　　《35》答：42球
《36》（式）2 ＋ 1 ＋ 3 ＋ 3 ＋ 6 ＝ 15　　《36》答：15枚
《37》（式）20000 －（800 × 15 ＋ 3000 ＋ 1000 × 4）＝ 1000　　《37》答：1000円
《38》（式）2000 －（600 ＋ 400 × 2）＝ 600
　　　　600 ÷ 100 ＝ 6　　1 ＋ 2 ＋ 6 ＝ 9　　《38》答：9冊
《39》（式）1日6ページしたのは、
　　　　25 ＋ 1 ＝ 26日目　から　30 － 1 ＝ 29日目まで
　　　　80 ＋ 6 ×（29 － 26 ＋ 1）＝ 104…29日目までにしたページ数
　　　　200 － 104 ＝ 96…残りのページ
　　　　96 ÷ 5 ＝ 19 あまり 1…あと 19日＋1日
　　　　29 ＋ 19 ＋ 1 ＝ 49　　《39》答：49日
《40》（式）41 － 6 ＝ 35　（35 ＋ 41）÷ 2 ＝ 38　　《40》答：38kg
《41》（式）72 － 58 ＝ 14　10 ＋ 14 ＝ 24
　　　　（37 ＋ 14 ＋ 35 ＋ 14）－（60 ＋ 14 ＋ 6 ＋ 14）＝ 6
　　　　24 ÷ 6 ＝ 4　　《41》答：4倍
《42》（式）14 ＋（3 ＋ 1）－ 2 ＋（4 ＋ 1）－ 5 ＝ 16
　　秋子さんの番では、ひっくり返した枚数と秋子さんがおいた1枚の合計が白の増えた枚数になります。　　《42》答：16枚
《43》（式）43 ＋ 40 ＋ 18 ＋（18 － 3）＋ 9 ＝ 125　　《43》答：125
《44》（式）2 × 9 ＝ 18　　4 × 10 ＝ 40　　18 ＋ 40 ＝ 58　　《44》答：58曲
《45》（式）240 ＋ 14000 ＋ 260 ＝ 14500　　14500 × 2 ＋ 3800 ＝ 32800
　　　　ジュース代は使っていないことになります。　　《45》答：32800円